www.ingramcontent.com/pod-product-compliance
Lightning Source LLC
Chambersburg PA
CBHW030711220526
45463CB00005B/2003
9781687528391